江苏科普创作出版扶持计划项目

【渔美四季丛书】

丛书总主编 殷 悦 丁 玉

长吻鮠

——游历大江南北的水精鳞

李潇轩 刘玉安 主编

王俊博 绘画

江苏凤凰科学技术出版社 · 南京

图书在版编目（CIP）数据

长吻鮠：游历大江南北的水精鳞 / 李潇轩，刘玉安主编 .—南京：江苏凤凰科学技术出版社，2023.12
（渔美四季丛书）
ISBN 978-7-5713-3867-1

Ⅰ. ①长… Ⅱ. ①李… ②刘… Ⅲ. ①鮠科 – 鱼类养殖 – 青少年读物 Ⅳ. ① S965.128-49

中国国家版本馆 CIP 数据核字（2023）第 218624 号

渔美四季丛书
长吻鮠——游历大江南北的水精鳞

主　　编　李潇轩　刘玉安
策划编辑　沈燕燕
责任编辑　严　琪
编辑助理　滕如淦
责任校对　仲　敏
责任印制　刘文洋
责任设计　蒋佳佳

出版发行　江苏凤凰科学技术出版社
出版社地址　南京市湖南路 1 号 A 楼，邮编：210009
出版社网址　http://www.pspress.cn
照　　排　江苏凤凰制版有限公司
印　　刷　南京新世纪联盟印务有限公司

开　　本　787 mm × 1 092 mm　1/16
印　　张　3.75
字　　数　70 000
版　　次　2023 年 12 月第 1 版
印　　次　2023 年 12 月第 1 次印刷

标准书号　ISBN　978-7-5713-3867-1
定　　价　28.00 元

《长吻鮠——游历大江南北的水精鳞》编写人员

主　　编　李潇轩　刘玉安

绘　　画　王俊博

参编人员　（按姓氏笔画排序）

王　静　李志辉　李春林　杨志强　张　帆　陈建清

支持单位　江苏尊生荣农业服务有限公司

序

在宇宙亿万年的演化过程中，地球逐渐形成了海洋湖泊、湿地森林、荒原冰川等丰富多样的生态系统，也孕育了无数美丽而独特的生命。人类一直在不断地探索，并尝试解开这些神秘的生命密码。

“渔美四季丛书”由江苏省淡水水产研究所组织编写，从多角度讲述了丰富而有趣的鱼类生物知识。从胭脂鱼的梦幻色彩到刀鲚的身世之谜，从长吻鮠的美丽家园到河鲀的海底怪圈，从环棱螺的奇闻趣事到克氏原螯虾和罗氏沼虾的迁移历史……在这套丛书里，科学性知识以趣味科普的方式娓娓道来。丛书还特邀多位资深插画师手绘了上百幅精美的插图，既有写实风格，亦有水墨风情，排版别致，令人爱不释手。

此外，丛书的内容以春、夏、秋、冬为线索展开，自然规律与故事性相结合，能激发青少年读者的好奇心、想象力和探索欲，增强他们的科学兴趣。让读者在感叹自然的奇妙之余，还能对海洋湖泊、物种生命多一份敬畏之情和爱护之心。

教育部“双减”政策的出台，给学生接近科学、理解科学、培养科学兴趣腾挪了空间和时间。这套丛书适合青少年阅读学习，既是鱼类知识的科普读物，又能作为相关研学活动的配套资料，方便老师教学使用。

科学的普及与图书出版休戚相关。江苏凤凰科学技术出版社发挥专业优势，致力于科技的普及和推广，是一家有远见、有担当、有使命的大型出版社。江苏省淡水水产研究所发挥省级科研院所渔业力量，将江苏优势渔业科技成果首次以科普的形式展现出来，“渔美四季丛书”的主题内容，与党的二十大报告提出的“加快建设农业强国”指导思想不谋而合。我相信，在以经济建设为中心的党的基本路线指引下，科普类图书出版必将在服务经济建设、服务科技进步、服务全民科学素质提升上发挥更重要的作用。希望这套丛书带给读者美好的阅读体验，以此开启探索自然奥妙的美妙之旅。

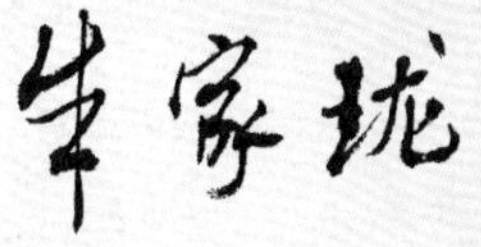

原江苏省青少年科技教育协会秘书长

七彩语文杂志社社长

前言

2021年6月25日，国务院印发《全民科学素质行动规划纲要（2021—2035年）》。习近平总书记指出："科技创新、科学普及是实现创新发展的两翼，要把科学普及放在与科技创新同等重要的位置。没有全民科学素质普遍提高，就难以建立起宏大的高素质创新大军，难以实现科技成果快速转化。"

"渔美四季丛书"精选特色水产品种，其中胭脂鱼摇曳生姿，刀鲚熠熠生辉，长吻鮠古灵精怪，环棱螺腹有乾坤，河鲀生人勿近，克氏原螯虾勇猛好斗，罗氏沼虾广受欢迎。这些水产品种形态各异、各有特色。

丛书揭开了渔业科研工作的神秘面纱，化繁为简，以平实的语言、生动的绘画，展示了这些水生精灵的四季变化，将它们的过去、现在与未来，繁殖、培育与养成，向读者娓娓道来。最终拉近读者与它们之间的距离，让科普更亲近大众，让创新更集思广益、有的放矢。

中华文明，浩浩荡荡，科学普及，任重道远。愿"渔美四季丛书"在渔业发展的道路上，点一盏心灯，筑一块基石！

编者

目录

第一节

土生土长的鱼儿

我是谁，来自哪里？

很高兴在这里跟大家见面！我先自我介绍一下。

我是这本书的主人公，东方原始的土著鱼——长吻鮠。从生物学分类的角度讲，我隶属于动物界、脊索动物门、硬骨鱼纲、鲇形目、鲿科、鮠属鱼类。“长吻鮠”是我的学名，很多朋友可能听到这个名字会感到很陌生，尤其是“鮠”这个生僻字都不确定怎么读——记住咯，读 wéi。我的昵称在民间耳熟能详，一听到“四川江团”“上海鮰老鼠”“贵州习鱼”“安徽淮王鱼”等名字，大家都能想起我的模样。我的种群广泛分布于中华大地，珠江、长江、淮河、辽河流域都有我的身影，主要以长江水系为主。此外，我还跨国旅游至朝鲜，并在那里安家落户。

地理分布图

古灵精怪的模样

“尖鼻子，小眼睛，口下位，少许胡须，体表粉嫩无鳞”，如果只是简单地这样描述，大家认为我像什么呢？上海人曾给我起名为“上海鮰老鼠”，在他们看来我的头部很像老鼠。

头部特写

大家常见的鲤鱼、草鱼、鲈鱼等属于有鳞鱼类，而我的种群属于无鳞鱼的一种。我的体色粉红，背部稍带灰色，腹部白色，鳍为灰黑色；体形修长、前部粗短、后部侧扁；头略大、后部隆起，口下位、呈弧形，眼睛特别小；背鳍短，胸鳍侧下位，腹鳍小，臀鳍起点位于脂鳍起点后，尾鳍深分叉。我的身体上最突出的部位是吻部，呈锥形，圆润且有突起，所以人们给我起名为长吻鮠。

● 粉色长吻鮠

● 猫胡须

大家都知道，胡须是猫科动物的重要感觉器官，那大家知道鱼类的胡须有什么用吗？其实我也长有胡须，作为我的感觉器官之一，共计4对胡须：一对在后鼻孔前缘，一对在上颌，两对在下颌。可别小看我的胡须，胡须对于我来说非常重要，是用来探测江底环境的“探测器”。

知识扩展
长吻鮠和斑点叉尾鮰的区别

餐桌上看到的鱼到底是长吻鮠还是斑点叉尾鮰，两者的区别在于：

斑点叉尾鮰来源于北美，20 世纪 80 年代引进国内进行人工养殖。其整体呈青灰色，身体两侧分布有黑点，吻部圆钝。

长吻鮠属于我国土著鱼类，体表粉红色，背部暗灰色，腹部色浅，鳍为灰黑色，上下颌都有数排锋利而细小的齿，吻部较长且肥厚。

斑点叉尾鮰

长吻鮠

好吃又营养

散文家碧野在《长江浪阔鮰鱼美》中特别赞赏："石首鮰鱼鱼肚切片烹调，白如雪花，嫩如春芽，黏而不腻，鲜美甘香。"长吻鮠营养价值非常高。那么你知道长吻鮠有哪些营养价值吗？

长吻鮠肉质细嫩，味道鲜美，无肌间刺，最美味的地方要数带软边的腹部，而且鱼鳔特别肥厚，干制后为名贵的鱼肚，深受人们的欢迎。长吻鮠富含多种维生素和微量元素，如铁、磷、钙等，肝脏中则含有大量维生素 A 和维生素 D；蛋白质含量高达 13.7%，富含

鱼肚

生物小分子胶原蛋白质，是人体补充合成蛋白质的原料，以水溶液的形式贮存于人体组织中，易于吸收，对改善组织营养状态、加速新陈代谢、抗衰老和美容有明显疗效；脂肪含量为4.7%，多由不饱和脂肪酸组成，人体吸收率可达95%，是滋补佳品，具有降低胆固醇、预防心脑血管疾病的作用。

子子孙孙面临生存危机

长江流域共有鱼类424种，其中183种是长江特有的，其中65种受威胁鱼类被列入《中国物种红色名录》，并且被划分为五个受威胁等级，即灭绝（2种）、野外灭绝（2种）、极度濒危（5种）、濒危（36种）、易危（20种）。值得注意的是，有69%的受威胁或灭绝的鱼类是长江流域特有物种。灭绝的主要驱动因素包括栖息地丧失、过度利用、污染、过度捕捞和外来物种入侵，20世纪70年代我的祖先就险些步入灭绝的行列。

1988年国务院批准的《国家重点保护野生动物名录》中，珍稀保护野生鱼类共有16种，其中分布于长江水系的有一级保护动物中华鲟、白鲟和长江鲟，二级保护动物胭脂鱼、花鳗鲡、川陕哲罗鲑和松江鲈鱼等。

《中国物种红色名录》

● 中华鲟

2022 年 7 月 21 日，世界自然保护联盟（IUCN）更新了“濒危物种红色名录”，在该名录中，被誉为“中国淡水鱼之王”的长江白鲟被正式宣布灭绝，全球现存的 26 种鲟鱼均面临灭绝风险。“老大哥”的灭绝消息传遍世界各个角落，这让我极度悲痛，也更增加了对于我们种群现状的担忧。

民间俗说“不食江团，不知鱼味”，说的就是我，我与鲥鱼、河豚、刀鱼并称为“长江四鲜”。这句俗语表现出人们对我的喜爱，引发人们对我的种族进行过度捕捞，从而导致我的野生种群资源数量逐渐减少。

20 世纪 80 年代以前，我的祖先差点从地球上消失。由于我的种群数量急剧减少，引起社会广泛关注，人们才逐渐了解我的生活、繁殖、生长特性，通过大量的技术攻关，成功实现人工繁育及养殖技术，人们开始对我进行规模化人工养殖，开展人工增殖放流活动，从而避免了我们的种族灭绝危险。

2007 年 12 月 12 日，我被列入《国家重点保护经济水生动植物资源名录（第一批）》。该名录是由中华人民共和国农业农村部根据中国渔业可持续发展需要而制定的，旨在保护水产种质资源，总共收录了 166 个水生经济物种。

● 白鲟

● 长江四鲜，河豚

● 长江四鲜，刀鱼

● 长江四鲜，鲥鱼

《国家重点保护经济水生动植物资源名录（第一批）》

序号	中文名	序号	中文名
1	鲱	84	拉萨裸裂尻鱼
2	金色沙丁鱼	85	鲤
3	远东拟沙丁鱼 （斑点莎瑙鱼）	86	鲫
4	鳓	87	岩原鲤
5	鳀	88	长薄鳅
6	黄鲫	89	大口鲇
7	大头狗母鱼	90	兰州鲶
8	海 鳗	91	黄颡鱼
9	大头鳕	92	长吻鮠
10	鲮	93	斑鳠
11	鲻	94	黑斑原鮡
12	尖吻鲈	95	黄鳝
13	花鲈	96	鳜
14	赤点石斑鱼	97	大眼鳜
15	青石斑鱼	98	乌鳢
16	宽额鲈	99	斑鳢
17	蓝圆鲹	100	大管鞭虾
18	竹荚鱼	101	中华管鞭虾
19	高体鰤	102	中国对虾
20	军曹鱼	103	长毛对虾
21	白姑鱼	104	竹节虾
22	黄姑鱼	105	斑节对虾
23	棘头梅童鱼	106	鹰爪虾
24	黑鳃梅童鱼	107	脊尾白虾
25	鮸	108	中国毛虾
26	大黄鱼	109	秀丽白虾
27	小黄鱼	110	青虾
28	红笛鲷	111	口虾蛄

续表

序号	中文名	序号	中文名
29	真鲷	112	中国龙虾
30	二长棘鲷	113	三疣梭子蟹
31	黑鲷	114	海蟳
32	金线鱼	115	锯缘青蟹
33	玉筋鱼	116	中华绒螯蟹
34	带鱼	117	太平洋褶柔鱼
35	鲐	118	中国枪乌贼
36	蓝点马鲛（鲅鱼）	119	日本枪乌贼
37	银鲳	120	剑尖枪乌贼
38	灰鲳	121	曼氏无针乌贼
39	鲬	122	金乌贼
40	褐牙鲆	123	章鱼
41	高眼鲽	124	皱纹盘鲍
42	钝吻黄盖鲽	125	杂色鲍
43	半滑舌鳎	126	脉红螺
44	绿鳍马面鲀	127	魁蚶
45	黄鳍马面鲀	128	毛蚶
46	黄鮟鱇	129	泥蚶
47	刀鲚	130	厚壳贻贝
48	凤鲚	131	紫贻贝
49	红鳍东方鲀	132	翡翠贻贝
50	假睛东方鲀	133	栉江珧
51	暗纹东方鲀	134	合浦珠母贝
52	鳗鲡	135	栉孔扇贝
53	大马哈鱼	136	太平洋牡蛎（长牡蛎）
54	花羔红点鲑	137	西施舌
55	乌苏里白鲑	138	缢蛏
56	太湖新银鱼	139	文蛤
57	大银鱼	140	菲律宾蛤仔
58	黑斑狗鱼	141	三角帆蚌

续表

序号	中文名	序号	中文名
59	白斑狗鱼	142	褶纹冠蚌
60	青鱼	143	河蚬
61	草鱼	144	梅花参
62	赤眼鳟	145	刺参
63	翘嘴鲌	146	马粪海胆
64	鳡	147	紫海胆
65	三角鲂	148	海蜇
66	团头鲂（武昌鱼）	149	鳖
67	广东鲂	150	乌龟
68	鳊	151	坛紫菜
69	红鳍原鲌	152	条斑紫菜
70	蒙古鲌	153	石花菜
71	鲢	154	细基江蓠
72	鳙	155	珍珠麒麟菜
73	细鳞斜颌鲴	156	海带
74	银鲴	157	裙带菜
75	倒刺鲃	158	菱
76	光倒刺鲃	159	芦苇
77	中华倒刺鲃	160	茭白
78	白甲鱼	161	水芹
79	圆口铜鱼	162	荸荠
80	铜鱼	163	慈姑
81	鲮	164	蒲草
82	青海湖裸鲤	165	芡实
83	重口裂腹鱼	166	莲

第二节

春风绿柳絮缠绵

生命的延续在于繁衍

我的祖先经历了中华文化的兴起、演化、发展和传承。从周武王到秦始皇，从汉武帝到汉献帝，从南北朝到五代十国，历经宋、元、明，从鸦片战争到中华人民共和国成立，从改革开放到现在的全面小康社会，我的祖先历经各朝各代的历史兴衰，在中华大地上不知经历了多少个春夏秋冬的轮回，依旧繁衍不息。

随着春天的到来，冰河解冻，柳树发芽，鱼儿也开始欢快地游动，我的爸爸妈妈也慢慢结束冬天的越冬期，伸展一下筋骨，开始出去疯狂摄食，补充冬天消耗的能量。作为鱼爸爸和鱼妈妈更是需要补充更多的营养物质，以便迎接繁育鱼宝宝的重任。

自然繁殖

在长江流域，我的群体基本生活在水较深的江河干流与通江湖泊中，每年5—6月是成鱼的繁殖期，鱼爸爸和鱼妈妈会提前洄游至长江上游干流和支流的交汇处，选择在水下1～3米的沙质或沙砾质的缓流区作为产卵场。一般鱼爸爸首先达到产卵场，经3～4天后鱼妈妈缓缓而来。鱼爸爸通过转圈追逐鱼妈妈，转圈后鱼妈妈和鱼爸爸分别颤动身体产卵排精。产卵活动多在夜间进行，鱼妈妈怀卵量为1万~10万粒，受精卵为黏性卵，需要附着在水草、石块表面。受精卵孵化期间，鱼爸爸和鱼妈妈有强烈的护卵行为，对侵袭者会用口咬或者棘刺进行攻击。在极度饥饿时，它们也会取食石壁上的受精卵。

雌雄鉴别

选择性腺发育成熟的亲本是长吻鮠人工繁育成功的关键。亲本以 4 龄以上、体重 5 千克以上、鱼体肥壮、体表无损者为最佳。鱼妈妈特征：生殖孔宽而圆，色泽红润，腹部肥胖，手感松软而有弹性。鱼爸爸特征：生殖突起尖且细长，可达 2 厘米左右，突起末端红润，发育成熟度较好的可挤出少量精液。

● 自然产卵场景

● 图 13　雌雄长吻鮠背部

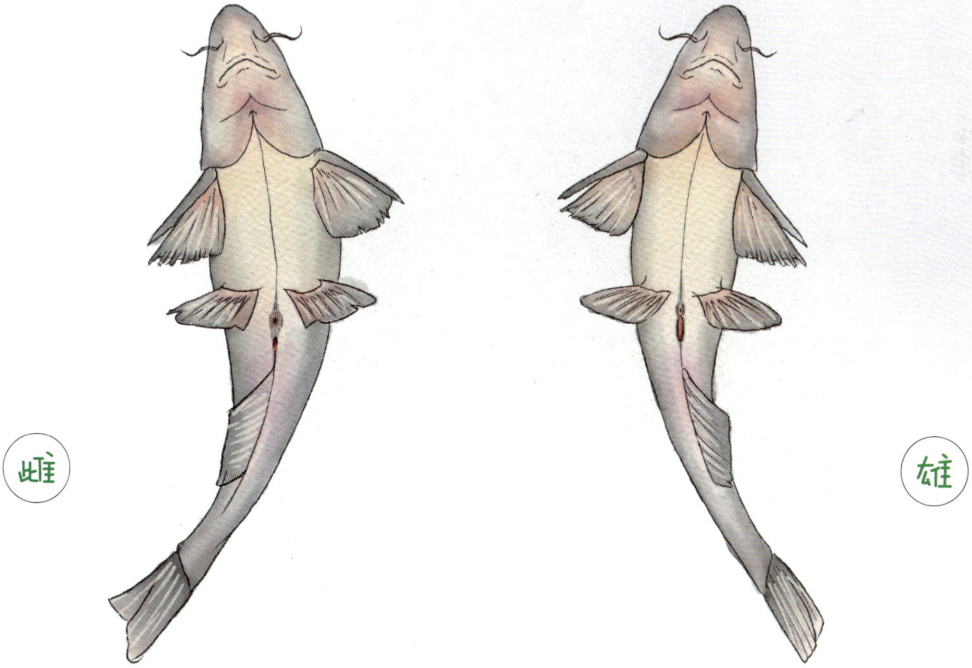

● 雌雄长吻鮠腹部

人工授精

在人工繁育条件下，为了保证苗种大批量生产，需采用催产剂刺激同一批亲本，加快亲本性腺发育成熟。然后将鱼爸爸和鱼妈妈放入产卵网箱，增加微水流进行刺激，等待效应时间，中间会定期检查我们的发育状况。待鱼爸爸和鱼妈妈开始追逐发情时，技术员会用毛巾将鱼妈妈包裹住，进行挤卵备用，卵用盆倒扣遮光。由于在人工养殖的条件下，鱼爸爸自然产精的效果不佳，所以技术员会对鱼爸爸进行剖腹取精，将精带用剪刀剪碎，快速与卵子混合进行授精，加入少量水进行激活，期间要用鹅毛不断搅拌，保证授精均匀。

人工孵化

目前，长吻鮠受精卵的孵化方式包括不脱黏和脱黏两种。

不脱黏孵化直接将受精卵均匀地铺撒在准备好的网片上，保证受精卵不叠加和堆积，避免缺氧死亡。受精卵下池前采

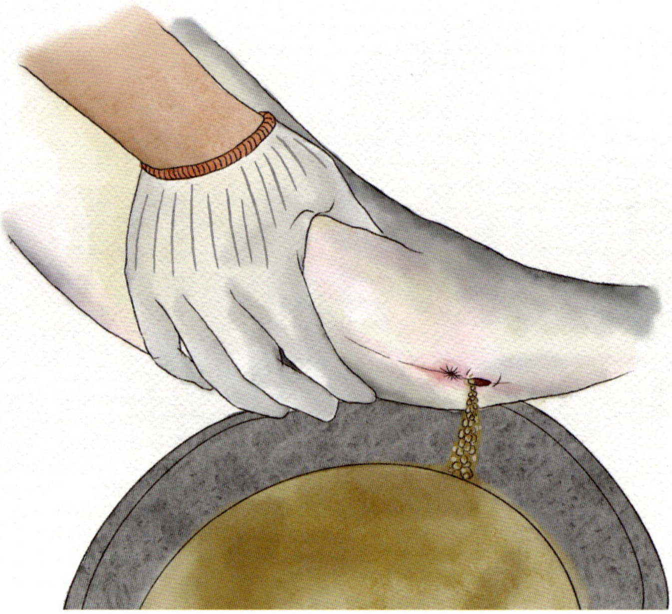

● 人工产卵

知识扩展

长吻鮠雄鱼注射催产剂的计量是雌鱼的一半。催产剂总量按照使用剂量和鱼体总重计算，并使用 0.9% 的生理盐水溶解稀释，采用胸腔注射法对亲本进行注射。

用高锰酸钾溶液进行浸泡消毒处理，然后将网片悬挂于孵化网箱。孵化期间，水温控制在 25℃左右，需要微水流来模拟自然流水的状态，需定期检查每个网片，及时剔除白卵（即授精不成功的卵），防止引发水霉而影响发育正常的受精卵。

另一种孵化方式为脱黏孵化，是在人工授精后，迅速向盛有受精卵的瓷盆倒入适量的滑石粉溶液，边添加边用手迅速搅拌，使受精卵呈悬浮状态，连续搅拌 30 分钟，期间不能中断，防止受精卵聚集缺氧死亡。脱黏后将受精卵直接移入孵化桶中，保持水体微动流动状态，水流应从下往上，使受精卵悬浮于水中。

破膜出壳

从受精卵到破膜而出大概需要 3 天。刚孵化出的鱼苗形态似小蝌蚪一样，头大尾细，呆呆萌萌的，此时鱼宝宝主要以自身携带的卵黄囊为营养。2~3 天后，卵黄囊逐渐消失，鱼宝宝开始摄取外界食物。作为肉食性鱼类，鱼宝宝的开口饵料为轮虫、红虫等浮游动物。不同于四大家鱼，在人工养殖过程中，我需要经过食性驯化后才能摄食人工配合饲料。

历史长河中的印记

苏轼题词

北宋熙宁四年（1071 年），苏轼时任京官，上书谈论新法的弊病，令宰相王安石愤怒，王安石让御史谢景在皇帝面前说苏轼的过失，苏轼势单力薄请求出京任职，先回了一趟四川老家眉山，然后携家眷赴任杭州通判。苏轼携家眷自岷江乘船顺流而下，入长江，观两岸，沿途猎奇作赋，途经石首县城，吃了久负盛名的长江鮰鱼，听了前所未闻

苏轼

《戏作鮰鱼一绝》

【宋】 苏 轼

粉红石首仍无骨，雪白河豚不药人。

寄语天公与河伯，何妨乞与水精鳞。

的石首民谣，即兴赋诗《戏作鮰鱼一绝》。“石首”指的就是我，诗句描写的是我肉质白嫩、鱼皮肥美，兼有河豚、鲫鱼之鲜香，而无河豚之毒素和鲫鱼之刺多。

异鱼图赞笺

清朝胡世安编写的《异鱼图赞笺》里，记载120多种鱼、螺、贝、蜃、蚶等，先是一一罗列，描叙性状，然后写下自己的赞语，其描述之准确，文字之生动，都是古代渔书里少见的。

《异鱼图赞笺》亦载：“洄鱼，河豚药人，时鱼多骨，兼此二美而无两毒，粉红雪白洄美堪录，西施乳溢，水羊胛熟。”他将我与河豚以及长江鲥鱼相比，说河豚有毒，鲥鱼多刺，我兼顾了两者优点还无毒少刺，汤如“西施乳”，肉如“水羊胛”，这是极高的评价了。

号称“淮王”

我作为稀有名贵鱼类，享有“水中活化石”之美誉，集历史文化、美食文化、神话故事及科研价值于一身而被称为“淮河珍宝”。传说早在西汉年间，渔民捕鱼时见一条大鱼钻入东硖石下，捕获此鱼后，因叫不出名，又知淮南王刘安爱吃鱼鲜，就献于刘安。从那以后，刘安每天必吃此鱼，后来当地百姓称之为“淮王鱼”。

清代李兆洛撰《凤台县志》：“又有青金鱼，形类鲶，极鲜美，产黑石潭石穴中，亦他所所无也。鳇鱼不恒有，间有之，其岁有水，土人以为候。”

《淮河硖石文化》第十一章记载：“淮河中有一种鱼长相怪异，背部青灰，肚皮黄白，身上无鳞，嘴在颔下，号称淮王鱼。”

美食分享：笔架鱼肚

笔架鱼肚胶层厚、味纯正，富含多种氨基酸、维生素和微量元素，胶原蛋白含量达 60%，颜色半透明，吃起来松软香甜、入口即化，是“中华淡水八珍”之一的稀有水产珍品，也是湖北人引以为傲的“鄂南明珠”。据史书记载，我的祖先生长在笔架山上下 25 千米的江段，由于产量较低，其鳔为鱼肚之极品，往往以克论价，因此被称为“金肚”。自明洪武丁卯年间（1387 年）起，笔架鱼肚被列为朝中贡品，岁岁朝贡，距今已有 600 多年历史。新中国成立后，笔架鱼肚列入国宴珍品宴请国外来宾。2011 年 12 月 26 日，国家质量监督检验检疫总局批准对笔架鱼肚实施地理标志产品保护。

● 美食，笔架鱼肚

笔架鱼肚烹饪方法：

原料：长吻鮠鱼肚、鸡脯肉、鸡蛋、香菇、葱、洋葱、大蒜、生姜，均切好备用。

调料：精盐、味精、胡椒粉、淀粉、猪油、食用碱。

做法步骤：

第一步，将鱼肚用油涨发好盛入钵内，加温水浸泡 15 分钟，上面用盖压住，以免鱼肚漂浮水面。

第二步，回软后，置于温水中加入适量食用碱，用手捏挤，洗去油腻，然后捞出换温水反复捏挤。

第三步，挤至鱼肚呈白色，像海绵一样松软时取出，挤干水分，斜片成 4.5 厘米长、3.3 厘米宽、0.33 厘米厚的片，放入清水钵里待用。

第四步，鸡脯肉剔去筋和皮，洗净制茸。

第五步，将鸡茸盛入碗内，加精盐、味精少许、鸡蛋清、清水 100 毫升和湿淀粉一起搅拌均匀成糊状。

第六步，香菇去蒂洗净，切成 2.5 厘米见方的块。

第七步，鸡蛋磕入油锅内，摊成蛋皮，再切成细末。

第八步，炒锅置于旺火上，放入熟猪油烧热，下姜末煸出香味后，加入鸡清汤，将鱼肚、香菇下锅翻匀，再加精盐、味精同烩。

第九步，烩至鱼肚透味时勾玻璃芡，将鸡茸缓慢滑入锅内，边滑入边推动，待汤汁稠浓时，下熟猪油，起锅装盘，撒上葱花、胡椒粉、熟鸡蛋末即成。

第三节

夏雨青荷珠语连

宝宝成长历险记

幼体发育

苗种阶段指幼鱼培育至 5 厘米的过程，为便于养殖管理，该阶段一般在室内水泥培育池进行。苗种培育池大小以 30 ~ 40 平方米为宜，池深 1.5 米，池底呈锅底形，利于排污。放养密度应控制在每平方米 500 ~ 800 尾，水深以 1 米为宜，每次换水量应控制在全池的 1/3 左右。鱼苗下池前，需用 4% 的盐水浸泡消毒处理。刚入池的幼鱼可投喂蛋黄，1 万尾投喂量为 2 个蛋黄，用 80 目筛网过滤。随着苗种的生长，可逐渐投喂水蚤、红虫，活性饵料需经消毒处理。由于我具有喜阴的特性，因此需在水池上方搭盖遮阳布。待长至 5 厘米时，就可以将我卖给养殖户进行养殖，或是用于增殖放流，恢复自然渔业资源。

吃肉到吃素的过渡

作为肉食性鱼类，我最爱吃肉，但是在人工养殖过程中，大量投喂小杂鱼等生物饵料会加快水质的恶化，因此人们为了控制养殖成本和方便管理，会对我进行食性转化，硬生生地改变我的食性，由吃小鱼小虾转变吃人工配合饵料。

为了提高食性转化成活率，人们一般待我长至 5 厘米时进行食性转化，前后需要 1 周时间。前 3 天，将 1 ∶ 2 比例的蚯蚓浆加鳗鱼料混合投喂，然后慢慢增加鳗鱼料的比例，逐步过渡到全人工饲料，配合饲料中粗蛋白质 40% ~ 43%、脂肪 6% ~ 9%、糖分 23% ~ 27%，氨基酸指数 34 ~ 41，粗纤维适量，每天投饵量为体重的 4% ~ 7%。食性转化完成后可将我转入室外池塘进行大规格苗种培育。

大规格鱼种培育

大规格鱼种培育是将我的幼体培育至 15 ~ 25 厘米的规格。大规格鱼种培育一般以选择 3 ~ 5 亩（1 亩约等于 666.7 平方米）的土池为宜，为便于管理，放养密度一般为 4 000 ~ 5 000 尾 / 亩。作为优质经济特色鱼类，我对养殖环境要求比较高。一般选择水源充沛、水质符合渔业用水标准的地方建造池塘，每个池塘需配备增氧机、投料机、进排水系统、饵料台、水质监测仪等配套设施。

增殖放流助力生态文明建设

或许你会感到好奇：**什么是增殖放流？增殖放流工作有什么意义？**哪些品种可以增殖放流？这一系列问题，在这里都将一一为你解答。

所谓的**增殖放流**是用人工方法直接向海洋、滩涂、江河、湖泊、水库等天然水域投放或移入渔业生物的卵子、幼体或成体，以恢复或增加自然种群数量，改善和优化水域的群落结构。据统计，2021 年我国共举办各类水生生物增殖放流活动 2 700 余次，放流各类水生生物苗种达 440.53 亿单位。其中放流梭子蟹、对虾等海洋水生生物苗种 319.93 亿单位，放流青鱼、草鱼等淡水水生生物苗种 120.18 亿单位，放流中华鲟、中国鲎等珍稀保护水生生物 0.73 亿单位。

江苏省水生生物增殖放流工作规范

第一章 总则

第一条 为规范本省水生生物增殖放流（以下简称“增殖放流”）工作，科学养护水生生物资源，维护生物多样性和水域生态安全，促进渔业可持续发展。根据《中华人民共和国渔业法》《中华人民共和国野生动物保护法》《中国水生生物资源养护行动纲要》《水生生物增殖放流管理规定》等法律规范，制定本规范。

第二条 本规范所称增殖放流，是指采用放流、底播、移植等人工方式向海洋、江河、湖泊、水库等公共水域投放活体水生生物亲体、苗种等活体水生生物的行为。

第三条 增殖放流应坚持增殖与保护并重原则，统筹兼顾生态效益、经济效益和社会效益。

第四条 县级以上人民政府农业农村部门应当鼓励单位、个人和社会各界通过认购放流苗种、捐助资金、参加志愿者活动等多种途径和方式参与、开展增殖放流活动。对贡献突出的单位和个人，应当采取适当方式给予宣传和鼓励。

第五条 在本省管辖水域内开展增殖放流活动，应当遵守本规范。

●《江苏省水生生物增殖放流工作规范》

增殖放流是我国水生生物资源养护的重要举措，也是国际通行做法，其目的和意义在于补充和恢复生物资源的群体，改善生物的种群结构，维护生物的多样性；改善水质和水域的生态环境，通过放流的鲢鳙、贝类等滤食性的品种，滤食水中的藻类和浮游生物，进而净化和改善水质；间接促进渔民增收。

并不是所有的水生动物都可以放流，增殖放流应遵循《水生生物增殖放流管理规定》，用于增殖放流的水生生物应当是本地种，苗种应当是本地种的原种或者子一代，确需放流其他苗种的，应当通过省级以上渔业行政主管部门组织的专家论证。

淡水物种：常见的有鲢鱼、鳙鱼、草鱼、翘嘴鲌、长吻鮠、胭脂鱼、细鳞斜颌鲴等。

● 增殖放流，淡水，鲢鱼

● 增殖放流，淡水，草鱼

● 增殖放流，淡水，鳙鱼

海水物种：常见的有中国对虾、三疣梭子蟹、海蜇、许氏平鲉、黑鲷、大泷六线鱼、褐牙鲆、半滑舌鳎等。

● 增殖放流，海水，大泷六线鱼

● 增殖放流，海水，黑鲷

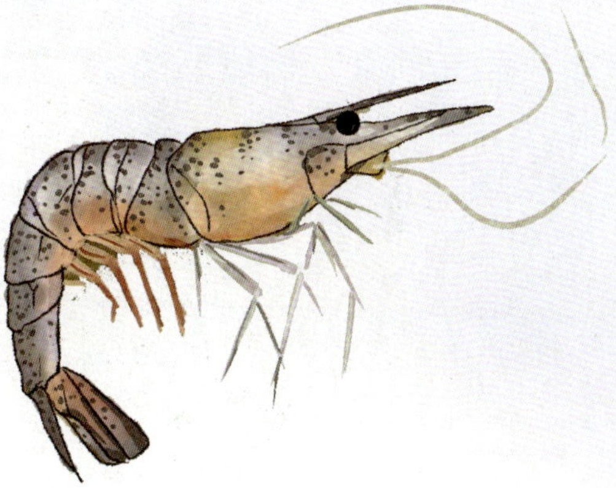

● 增殖放流，海水，中国对虾

● 增殖放流，海水，三疣梭子蟹

● 入侵生物，巴西龟

● 入侵生物，鳄雀鳝

2022 年河南平顶山“网红水怪鳄雀鳝”值得我们警醒，放生原本是一心向善的好事，但盲目放生危害很大，不科学放生就是杀生，情节严重的将受到法律的严惩。《水生生物增殖放流管理规定》第十条规定：“禁止使用外来种、杂交种、转基因种以及其他不符合生态要求的水生生物物种进行增殖放流。”在此提醒各位小朋友，家里养的水生动物宠物切记勿放生到自然水域，这是对水域生态环境的一种保护。

常见的外来物种主要有巴西龟、清道夫、鳄雀鳝、牛蛙、大鳄龟、小龙虾、淡水白鲳、福寿螺、大菱鲆、南美白对虾、革胡子鲶等。

● 入侵生物，小龙虾

● 入侵生物，清道夫

美食分享：不加一滴水的焗鮰鱼

原料：长吻鮠 1 条（鱼一定要选鲜活的，口感才不会差），将鱼切成块备用；洋葱、大蒜、生姜、娃娃菜、小米辣，均切好备用。

调料：盐、蚝油、生抽、老抽、料酒、胡椒粉、食用油。

做法步骤：

第一步，使用适量上述调料，将鱼块腌制 30 分钟。

第二步，锅里倒入油，放入洋葱、大蒜、生姜炒香。

第三步，倒入小米辣，铺上娃娃菜，摆上鱼块，倒入腌鱼的料汁，根据自身喜好放一些其他蔬菜。

第四步，盖上锅盖，焖制 15~20 分钟。

第五步，出锅，鱼肉鲜美，浓香十足，开吃！

美食焗鮰鱼

第四节

秋霜桂影圆光月

越冬前的育肥

作为温水性鱼类，我能够生存的水温为 0~38℃，适宜生长的水温为 15~30℃，最佳生长的水温为 25~30℃。同时我对水中溶氧的要求较高，对酸碱适应范围较广，pH 值为 6.5~9.0 时都能生存，最适 pH 值范围是 7.0~8.4，喜欢中性偏碱性的水体。当冬季水温下降到 15℃以下时，我会寻找干流中有乱石、石窟的深水处进行越冬。在自然情况下，鱼爸爸和鱼妈妈繁殖结束后会进入敞水湖泊和江河湾沱索食育肥，快速补充繁殖期的能量消耗，并在冬季到来之前贮存大量的能量。

在人工养殖条件下，为保证鱼类安全越冬，必须在秋季进行强化培育，适当调整饲料中脂肪和糖的含量，辅以菜籽饼投喂，保证鱼体膘肥体壮，增强其耐寒和抗病能力。肠道作为鱼体的第一道免疫防线，配合免疫中药类饲料，可以提高鱼类对饲料营养物质的消化吸收，增强鱼的体质健康，降低疾病的发病率，帮助鱼类安稳越冬。因此，每年10月后，投喂的配合饲料成分要转变为低蛋白、高能量，既可节约蛋白质，又可降低生产成本，让鱼体多积累些脂肪以备越冬消耗。我作为典型的“底层鱼”，配合饲料宜加工成沉性颗粒料，选用性能较好的黏合剂，否则饲料易散失，不仅增加饲养成本，还会污染养殖水域。

丰富多样的食谱

昆虫及其幼虫、甲壳类、小型软体动物和小型鱼类等都是我的“家常菜”。我在幼鱼阶段主要摄食轮虫、枝角类、桡足类、摇蚊幼虫等浮游动物；成鱼阶段主要

● 幼鱼食谱，摇蚊幼虫

● 幼鱼食谱，桡足类

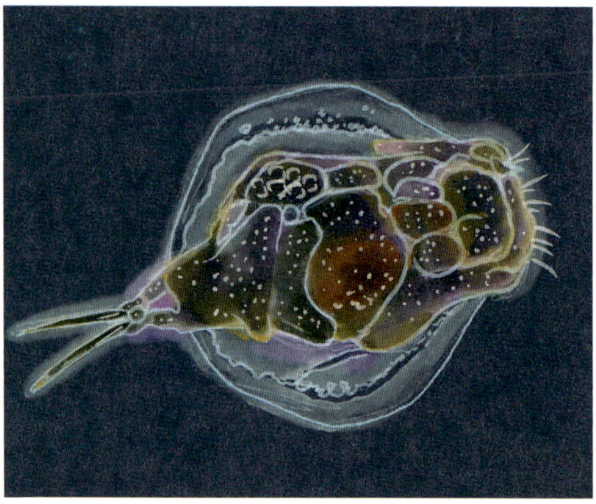

幼鱼食谱，轮虫

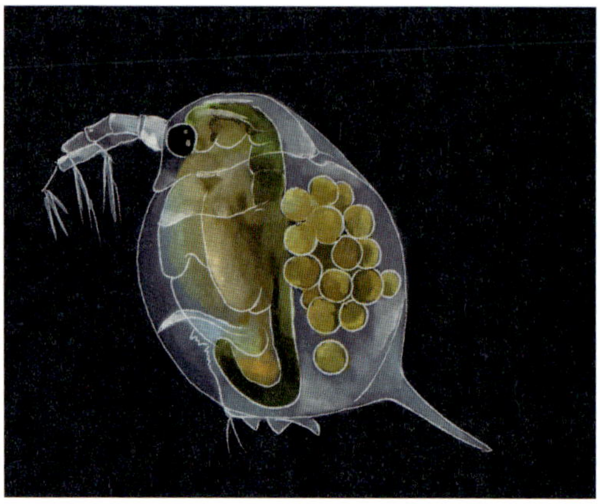

幼鱼食谱，枝角类

成鱼食谱，泥鳅

成鱼食谱，麦穗鱼

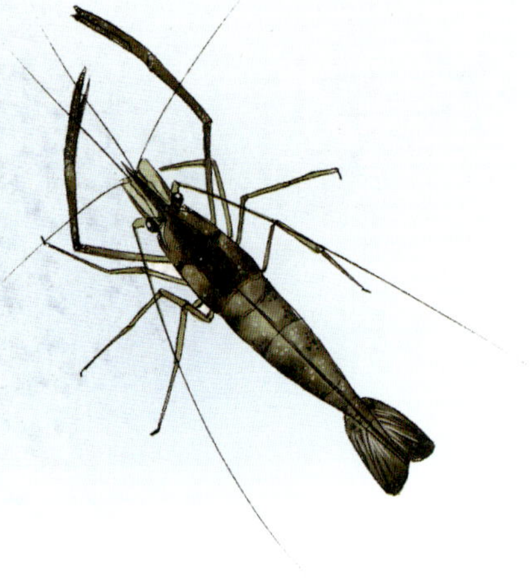

图 21　成鱼食谱，河虾

图 21　成鱼食谱，蜻蜓

摄食麦穗鱼、河虾、泥鳅等小型水生动物，偶尔亦捕食蛙类和在水草上栖落的蜻蜓、蚂蚱、蝴蝶等陆生昆虫。

我的消化系统较为发达，胃壁厚且伸缩性较强，但肠道较短，约为体长的1.5倍。虽然我的食谱种类多，但每次摄食的种类较为单一，通常会选择一种食物作为摄食对象。在人工养殖过程中，人们对我食性转化后，我通常不再摄食小鱼小虾，这样能够节省体能，加快自身的生长速度。

防患于未然之疾病治疗

当大多数鱼类发现生病时，已为时过晚，此时通过药物治疗，一定程度上会加快病鱼的死亡。因此，鱼类疾病的防治重在预防，需遵循5个要素：一是基础先打牢，强调清塘、消毒和合理放养的基础作用；二是杀虫不可少，当杀虫时必须杀虫；三是重点在调水，强调要把调水作为全部预防工作的重中之重，好水养好鱼；四是适时把毒消，根据天气情况和每个季节的鱼病发生情况定期使用杀菌药；五是科学喂好料，“好”字是指要选对优质饲料，并讲究科学投喂方法，即做到定时定量定点。

黑体病防治

病鱼体发黑，消瘦，停食，严重时头部向上，垂悬于水表层，直至死亡。防治方法：保持水质清洁，将 30 克 / 升的生石灰水全池泼洒，隔天 1 次，连续泼洒 2 ～ 3 次。

肠炎病防治

病鱼体腹部膨胀，离群独游，轻压腹部有淡黄色黏液从肛门流出，多发生在 7—8 月。防治方法：流行季节用漂白粉挂篓，1 立方米使用 1 克漂白粉全池泼洒，连用 2 天。

气泡病防治

病鱼体表出现很多的小气泡，尤以胸鳍、腹鳍、腹部等位置最为集中。防治方法：充气散发水体过饱和的氧气，彻底换水并排出老水，食盐兑水后全池泼洒。

美食分享：红烧鮰鱼

原料：长吻鮠 1 条（鱼一定要选鲜活的，口感才不会差），将鱼切成块备用；葱、姜切块备用。

调料：黄酒、酱油、糖、味精、胡椒粉、生粉、食用油。

做法步骤：

第一步，将鮰鱼洗净沥干，放入八成热的油锅煎一下捞出沥干油。

第二步，放入葱、姜，略煸炒一下。

第三步，放入鱼块，加入黄酒、酱油、糖、味精、胡椒粉，翻炒几下，加盖焖10分钟左右。

第四步，用生粉勾芡收汁，使其更加入味。

第五步，出锅，鱼肉鲜嫩，开吃！

美食，红烧鮰鱼

第五节

冬雪腊梅白云闲

沉睡中的思考

冬天是我一年中最煎熬的时期，不能像春天那样繁衍生息，也不能像夏天那样蓬勃生长，更不能像秋天那样疯狂摄食，我只能躲在水体深处安静地睡觉，思考如何度过漫长的冬天，来年如何寻找伴侣繁育下一代，回想 20 世纪 70 年代种群从繁荣走向衰落，思考种群未来发展壮大之宏伟蓝图。

每年的 12 月以后气温降至 15℃以下时，我基本停止摄食，一直到来年的 3 月中下旬，越冬期长达 4 个月。越冬期间主要消耗秋天贮存的能量，最先消耗的是糖原，其次是脂肪，最后是蛋白质。经过冬天的体能消耗，我的身体免疫力直线下降，初春时节易引发疾病，严重时会导致群体大量死亡，给渔民带来严重的经济损失。

为了降低越冬对我机体的影响，许多科研技术人员进行了大量研究，制订了一系列科学措施，提高我越冬期及越冬后的成活率。首先，就是越冬前的育肥，让我提前贮存更多的过冬能量，提高越冬期耐饥饿能力。其次，越冬期进行少量投喂，虽然冬天我们是不外出活动的，但是送到嘴边的食物我还是乐意吃掉的，用来补充体能消耗，一般饲养员会在晴天的中午喂餐一次，我们也会定时定点到达饵料台进行摄食，这是我每天所期待的时刻，因为冬天实在太枯燥了。翌年 3 月中下旬，随着水温的升高，我开始活动我的身体，准备外出摄食补充能量，此时饲养员会逐渐增加投喂量，对我进行营养强化培育，如果是鱼爸爸或鱼妈妈，会额外给他们开小灶，投喂一些小鱼小虾等肉食性饵料，让他们快速回复体能，加快机体卵巢或精巢的发育，为春天的繁殖做准备。

鲜为人知的奇闻轶事

参加社团好处多

我的性情较为温和，喜欢群居生活，这样才能给我带来安全感。像豺狼虎豹等陆地动物都具有领地意识，作为水生动物的我们也具有领地意识，会对活动底盘进行划分，三五成群分散在多处，偶尔伴有打斗行为。当群体数量达到上百条时，则会集群活动。

早出晚归好习惯

作为夜行者，我通常是“上夜班”的，具有畏光喜阴的特性，是典型的底层生活鱼类。因为随着生物进化，我的视觉功能明显退化，眼球也变得很小，全凭发达的嗅觉和嘴巴两侧的触须猎食，白天常潜伏在江河的水草丛、石块下、树根下或深水底部不活动，在人工养殖池塘则栖息于池底边角或光线较暗的地方，到了夜晚才出来觅食，尤以夏季的晚上食欲最强。

● 集群长吻鮠

● 长吻鮠暗器

千万别来惹我们

每种鱼都有自我防护的武器，比如乌贼会通过喷墨迷惑敌方，然后迅速逃跑。作为肉食性鱼类的我，身上也藏有“暗器”，用于自我防卫。这个“暗器”是指我的一对胸鳍和背鳍，逐渐演化出三根带有锯齿的硬刺，在遇到惊扰或凶猛鱼类（如鲇鱼、鳜鱼、乌鱼、鲈鱼等）攻击我时，我的胸鳍会张开，背鳍竖立，进行自我防卫。刺的基部有毒腺，毒性在淡水鱼类中算强的，要是被这三根大刺扎伤，能够让你疼好久呢！ 被刺后即发生剧痛、灼热、出血、局部肿胀，严重时甚至可能引起发烧，一般情况下半小时至一小时可自愈。

知识扩展

这些淡水鱼有毒，各位请注意！

黄颡鱼，俗称黄辣丁，体灰黄色，腹部淡黄色，通体无鳞，侧线平直。其背鳍棘和胸鳍棘的外包皮膜内有毒腺组织，被刺伤后剧痛、出血，局部红肿，个别人还会因而引起皮肤过敏甚至是低热发烧。

胡子鲶，俗称塘虱，体暗色，头部两侧和吻之间有乳白色小点，体侧有许多不规则的白色小斑点，通体无鳞，有侧线。它的胸鳍棘和背鳍棘有毒，人被刺伤会引起剧痛；此外它的卵也有毒，不可食用，误食会导致呕吐、腹痛、腹泻、呼吸困难，情况严重的还会造成瘫痪。

鳜鱼，身体侧扁，背部隆起，身体较厚，尖头，是我国“四大淡水名鱼”中的一种。如果被它坚硬的背鳍和臀鳍上的几根硬刺扎了会疼痛无比，严重的还伴有发烧和畏寒。

一般来说这些毒素不足以引起致命伤害，真正需要人们警惕的是细菌感染，因为鱼体会携带致病细菌，当这些尖刺上携带的细菌进入人体后很容易造成局部软组织感染，甚至出现肢体坏死等后果。

古代鱼文化典故

中国人素来爱鱼，在几千年的历史发展长河中，鱼在中国传统文化中扮演了重要的角色，塑造了多姿多彩的“鱼文化”。最讲究之处，莫过于“鱼头酒”。

分鱼是由最尊贵的人来执行的；

鱼头要对准最重要的客人；

鱼眼给上司寓意高看一眼；

鱼背给贵客寓意中流砥柱；

鱼嘴给好友寓意唇齿相依；

鱼尾给下属寓意委以重任；

鱼腹给新识寓意推心置腹；

鱼臀给后辈寓意定有后福。

鱼不仅作为人类食物，同时也被寄托了美好的祈望。鱼的艺术形象逐渐成为具有中国传统文化的视觉象征符号，被勤劳勇敢的劳动人民赋予了对美好生活向往的精神内涵。

在民间传说和现代成语词典中有很多与鱼有关的典故和成语。

授人以鱼不如授人以渔

中国有句古话叫“授人以鱼不如授人以渔”，说的是传授给人现有的知识，不如传授给人学习知识的方法。道理其实很简单，鱼是目的，钓鱼是方法，一条鱼能解一时之饥，却不能解长久之饥，如果想永远有鱼吃，那就要学会钓鱼的方法。

鱼和熊掌不可兼得

鱼，我所欲也，熊掌，亦我所欲也，二者不可得兼，舍鱼而取熊掌者也。生，我所欲也，义，亦我所欲也。二者不可得兼，舍生而取义者也。人不能太贪心，事情不可能让一个人占尽便宜，有所得必有所失，我们应该学会放弃次要的而顾着重要的。

得鱼忘筌

得鱼忘筌的意思是捕到了鱼，忘掉了捕鱼的竹器。比喻事情成功后就忘了本来依靠的东西。原意是指领会了深妙的义理，表达它的言语可以忘掉；鱼捕到了，渔具也可以忘掉。意思是言语和渔具虽不可少，但毕竟只是手段，而领会精神实质、实现既定目标更重要。

美食分享：清蒸江团

原料：长吻鮠1条；葱、生姜、红辣椒，均切丝备用。

调料：蒸鱼豉油、生抽、白糖、鸡精、盐、料酒、食用油。

做法步骤：

第一步，将长吻鮠宰杀清洗干净，去除鱼皮的表层膜，鱼肚多清洗几遍，在鱼身上多划几道口子，方便入味。

第二步，洗干净的鱼用料酒和姜片腌制30分钟。

第三步，把腌制好的鱼放入盆中，底部垫些姜丝、葱丝和辣椒丝，鱼背上也放一些，放入锅中蒸熟。

第四步，配制调料汁。取小碗，放入蒸鱼豉油、生抽、白糖、鸡精、葱丝，清水少许拌匀。

第五步，鱼蒸好后，将鱼汤倒掉，把蒸鱼的姜丝、葱丝和辣椒丝取出，鱼背上摆放新的辣椒丝和葱丝，将调料汁浇淋在鱼身上。

第六步，取小锅放少许食用油，烧热后，淋在鱼背上，即可食用。

● 美食，清蒸江团

第六节

种族发展之伟大复兴梦

长江“十年禁渔”计划之发展契机

为什么要实施长江“十年禁渔”计划呢？

● 长江流域实施禁捕计划

原因一，酷捕滥捞是淡水鱼资源大幅衰减的主要原因之一，许多人竭泽而渔，采取“电毒炸”“迷魂阵”等非法捕捞方式，最终形成“资源越捕越少，生态越捕越糟，渔民越捕越穷”的恶性循环，长江生物完整性指数已经到了最差的“无鱼”等级。

原因二，现行的禁渔期制度存在天然缺陷。2002 年起实施的每年 3~4 个月的禁渔期制度，对渔业资源保护起到了一定的效果。然而，长江鱼类自然繁衍的后代往往还来不及长大，就在 3 个月解禁后被捕捞上岸。长江鱼类生长

● 捕捞场景

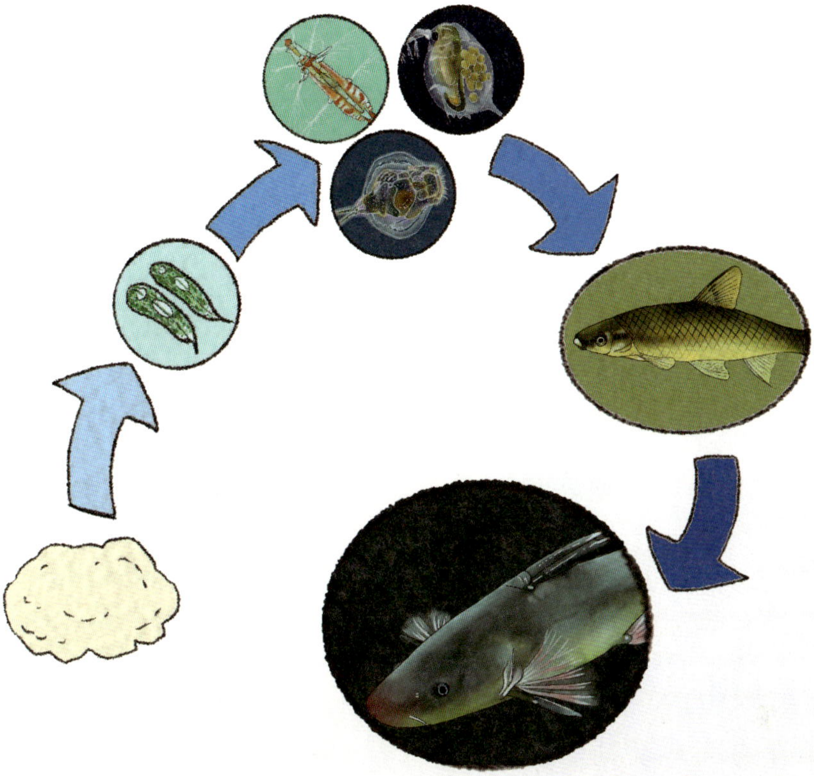

长江鱼类食物链

链被打断，现行禁渔期制度的初衷难以实现。

原因三，江豚、中华鲟等大型珍稀水生动物都是以鱼为食的，长江“无鱼”，最直接伤害的就是这些处于食物链顶端的物种。若再不采取措施，则它们或许都会在不久后灭绝。

长江是世界上水生生物多样性最为丰富的河流之一，浩浩江水哺育着424种鱼类，特有鱼类就有183种，是全球七大生物多样性丰富的河流之一。在过去几十年快速、粗放的经济发展模式下，长江付出了沉重的环境代价。随着生态环境的恶化，人们逐渐认识到保护生态环境的重要性，生态文明建设理念逐渐深入人心。

2020 年 1 月，农业农村部发布关于长江流域重点水域禁捕范围和时间的通告，宣布从 2020 年 1 月 1 日 0 时起开始实施长江“十年禁渔”计划。长江“十年禁渔”计划令我看到了种族繁衍生息的的希望，也为我们种族发展提供了稳定环境。在长江“十年禁渔”计划重要指示精神下，我希望我们的种群能够健康快速地发展，朝着新中国成立初期时的种群数量努力奋斗。

长江“十年禁渔”计划成效逐步显现，从“微笑天使”长江江豚出现频率显著增加就可以看出来。渔业活动的减少和水生生物资源量的增加，尤其是小型鱼类资源的丰富，让长江江豚有了更充足的食物，为江豚生长提供了优良的环境基础。今年是长江“十年禁渔”计划“三年强基础”的关键之年，农业农村部将持续加大工作力度，进一步巩固长江“十年禁渔”计划的成果。

● 长江生态修复宣传标语

我在江苏省南京市有个国家级保护区

长江南京段共有两个水生生物保护区，分别为南京长江江豚省级自然保护区和长江大胜关长吻鮠铜鱼国家级水产种质资源保护区，覆盖了长江南京段一大半的水域。我作为江苏省重点保护水生野生动物，也是江苏省重点保护水生生物。2009 年，南京专门成立长江大胜关长吻鮠铜鱼国家级水产种质资源保护区，保护区总面积 7421.03 公顷，其中核心区面积 403.43 公顷，实验区面积 7017.60 公顷，范围在东经 118° 29′ 32″ ~118° 43′ 34″、北纬 31° 49′ 56″ ~32° 05′ 35″，主要保护对象为长吻鮠和铜鱼，也兼顾保护中华鲟、胭脂鱼等珍稀水生物种及其栖息地。保护区通过不断提升管护水平，以全面禁渔、禁钓、增殖放流及加强巡护等措施，保护野生长吻鮠种群。

长江沿岸是不可代替的生态资源和经济资源区域，开展长江沿岸保护立法，实施长江“十年禁渔”计划，有利于推进生态文明建设。目前，全国已经建立了 332 个水生生物保护区，江苏就有 35 个，包括 2 个水生动植物自然保护区和 33 个水产种质资源保护区。保护区的建设旨在保护重要水产种质资源及其生存环境，促进渔业可持续发展和国家生态文明建设。

（一）江苏省内的水生动植物自然保护区（2 个）

1. 南京长江江豚省级自然保护区（南京市）

2. 镇江长江豚类省级自然保护区（镇江市）

（二）江苏省内的国家和省级水产种质资源保护区（33 个）

1. 固城湖中华绒螯蟹国家级水产种质资源保护区（南京市）

2. 长江大胜关长吻鮠铜鱼国家级水产种质资源保护区（南京市）

3. 阳澄湖中华绒螯蟹国家级水产种质资源保护区（苏州市）

4. 太湖银鱼翘嘴红鲌秀丽白虾国家级水产种质资源保护区（苏州市）

5. 太湖青虾中华绒螯蟹国家级水产种质资源保护区（苏州市）

6. 长漾湖国家级水产种质资源保护区（苏州市）

7. 淀山湖河蚬翘嘴红鲌国家级水产种质资源保护区（苏州市）

8. 太湖梅鲚河蚬国家级水产种质资源保护区（苏州市、无锡市、常州市）

9. 宜兴团氿东氿翘嘴鲌国家级水产种质资源保护区（无锡市）

10. 长荡湖国家级水产种质资源保护区（常州市）

11. 滆湖国家级水产种质资源保护区（常州市）

12. 滆湖鲌类国家级水产种质资源保护区（常州市）

13. 白马湖泥鳅沙塘鳢国家级水产种质资源保护区（淮安市）

14. 洪泽湖青虾河蚬国家级水产种质资源保护区（淮安市）

15. 洪泽湖银鱼国家级水产种质资源保护区（淮安市）

16. 高邮湖大银鱼湖鲚国家级水产种质资源保护区（淮安市、扬州市）

17. 洪泽湖虾类国家级水产种质资源保护区（淮安市、宿迁市）

18. 宝应湖国家级水产种质资源保护区（扬州市）

19. 长江扬州段四大家鱼国家级水产种质资源保护区（扬州市）

20. 射阳湖国家级水产种质资源保护区（扬州市）

21. 邵伯湖国家级水产种质资源保护区（扬州市）

22. 高邮湖河蚬秀丽白虾国家级水产种质资源保护区（扬州市）

23. 洪泽湖秀丽白虾国家级水产种质资源保护区（宿迁市）

24. 洪泽湖鳜国家级水产种质资源保护区（宿迁市）

25. 骆马湖青虾国家级水产种质资源保护区（宿迁市）

26. 骆马湖国家级水产种质资源保护区（宿迁市、徐州市）

27. 长江扬中段暗纹东方鲀刀鲚国家级水产种质资源保护区（镇江市）

28. 长江靖江段中华绒螯蟹鳜鱼国家级水产种质资源保护区（泰州市）

29. 金沙湖黄颡鱼国家级水产种质资源保护区（盐城市）

30. 长江如皋段刀鲚国家级水产种质资源保护区（南通市）

31. 高邮湖青虾国家级水产种质资源保护区（淮安市、扬州市）

32. 洪泽湖黄颡鱼国家级水产种质资源保护区（宿迁市泗阳县）

33. 长江刀鲚国家级水产种质资源保护区（南通市）

知识扩展

水产种质资源保护区是指为保护和合理利用水产种质资源及其生存环境，在保护对象的产卵场、索饵场、越冬场、洄游通道等主要生长繁育区域依法划出一定面积的水域滩涂和必要的土地，予以特殊保护和管理的区域。水产种质资源保护区分为国家级和省级，其中国家级水产种质资源保护区是指在国内国际有重大影响，具有重要经济价值、遗传育种价值或特殊生态保护和科研价值，保护对象为重要的、洄游性的共用水产种质资源或保护对象分布区域跨省（自治区、直辖市）际行政区划或海域管辖权限的，经农业农村部批准并公布的水产种质资源保护区。2011 年 1 月 5 日，农业农村部公布了《水产种质资源保护区管理暂行办法》。

我在四川省成都市有个国家级原种场

虽然我深受大家喜欢，但过去由于无法人工繁育，长期以来人类只能从野外捕捞。随着社会发展，我的野外生存空间被逐步压缩，野生资源逐年锐减。为此，按照国家部署，四川省率先在全国建立了全国唯一一家以长吻鮠为保种对象的国家级原种场，承担了全国长吻鮠原种采集、驯养、供种等任务。

长吻鮠原种从何而来？每年初夏，正是长吻鮠野生苗种的活跃期。技术人员会乘一艘小船，通过不断在江中撒网，捕捉野生苗种。相比人工繁育的鱼苗，野生苗种保存了最原始的基因，抗逆性较强。采集到的野生苗种，在第一时间被送到良种场进行驯化培育及后续的人工选育。人工可控养殖条件和选育技术为我的种群生存提供了优良的环境，保存种群数量比野生环境下大大提高。为了更好地保种育种，近年来，原种场积极与四川大学、四川农业大学、四川省水产研究所等科研单位开展技术合作，进行原良种的遗传性状研究，通过科技手段选留遗传性状更好地进行保存。自 2005 年该场建成运行生产以来，探索形成了长江捕捞、驯化整理、选种保存、放归自然和提供原种亲本的保种成熟经验模式。

种业振兴助力生态文明建设

“十三五”期间江苏省淡水水产研究所通过引育种中心平台，大力引进长江特色鱼类原种，进行良种选育、养殖技术优化、养殖模式探索等工作，并建立标准化人工繁育、养殖、推广为一体的水产良种繁育场，负责为全省提供长吻鮠原种及优质苗种，打好水产种业翻身仗。目前，该水产良种繁育场繁育品种除了长吻鮠，还包括胭脂鱼、翘嘴鲌、细鳞斜颌鲴、黄颡鱼、团头鲂等长江特色鱼类。

“国以农为本，农以种为先。”种源自主可控关乎国家核心利益。江苏省淡水水产研究所针对种源“卡脖子”技术和品种，拟筹建集种质资源保存、鉴定评价于一体的全省渔业种质资源共享利用与基因发掘平台，通过活体保存、细胞保存和分子（DNA）保存等方式，促进我国水生生物资源的保护和利用。